지구과학 7

알아보자 돌멩이

제1판

성종규·김경남·박건욱·정진욱·김유현 지음

재난인연

머릿말

과학을 가르치다 보면 나에게서 부족한 부분이 적지 않음을 알게 된다. 그 중에 하나가 '돌'이라 부르는 존재다. 돌은 '광물', '암석'으로 나누어지는데 어떤 암석은 광물 이름으로 불리기도 하고, 어떤 광물은 암석으로 넣어야 할 것 같기도 하다. 같은 이름으로 불리는 암석이 서로 같은 색이 아니어서 같은 암석으로 나누는 것이 맞는지 틀린지 어렵기도 하다. 나 혼자만 알고 넘어간다면 그건 문제가 될 것이 하나도 없겠지만 학생들에게 그 내용을 가르쳐야만 한다면 참 난감한 문제다.

부산대학교 사범대학 지구과학교육과 학생들과 암석학 실험을 같이 하면서 이 학생들이 나중에 교사가 되어 학생들을 가르치는 자리에 이르를텐데 돌을 잘 몰라서는 안되겠는데 하는 생각이 들었다. 스스로 자료를 만들 수 있는 기회가 되리라 싶어 과제로 '암석 도감'을 만들어 제출하라 하였다. 만들어 온 자료가 아깝기도 했거니와 마침 시중에 암석 도감이 없는거나 마찬가지여서 학생들에게 '암석·광물 도감'을 같이 출판하자 제안하였고, 그 제안을 학생들이 흔쾌히 받아들였다. 책은 학생들의 제출 과제에서 초안을 잡았다.

처음에는 교사와 학생이 읽을 수 있는 책으로 출발을 하였지만 돌을 알고 싶은 사람들은 얼마든지 더 있을 것으로 생각되어 초·중·고에서 다루지 않는 것도 넣었고 돌과 맞닦뜨리는 다른 현상도 넣었다. 일반인의 교양서로도 가치가 있었으면 한다.

20[illegible]년 3월 31일
대표저자 성종규

차례

광물/ 5
- 석영/ 6
- 정장석/ 10
- 사장석/ 13
- 각섬석/ 16
- 휘석/ 18
- 흑운모/ 20
- 감람석/ 22
- 방해석/ 24
- 형석/ 26
- 녹염석/ 30
- 석류석/ 32
- 황철석/ 34
- 백운모/ 36

화성암/ 38
- 화강암/ 45
- 섬록암/ 52
- 섬장암/ 56
- 반려암/ 59
- 감람암/ 62
- 회장암/ 64
- 흑요암/ 66
- 송지암/ 68
- 유문암/ 69
- 안산암/ 73
- 조면암/ 75
- 현무암/ 77
- 코마티암/ 79

화성쇄설암/ 81
- 부석 / 84
- 응회암 / 85
- 화산각력암/ 91
- 경석/ 92
- 후추암/ 93
- 유리쇄설암/ 95

퇴적암/ 97
- 역암/ 98
- 사암/ 100
- 실트암/ 103
- 점토암/ 105
- 쳐트/ 107
- 석회암/ 109
- 빙퇴암/ 113

변성암/ 115
- 점판암/ 117
- 천매암/ 120
- 편암/ 122
- 편마암/ 125
- 녹색편암/ 133
- 청색편암/ 135
- 각섬암/ 137
- 류휘암/ 139
- 차녹암/ 141
- 사문암/ 143
- 규암/ 146
- 대리암/ 149
- 혼펠스/ 151

운석/ 153

화석/ 156

퇴적구조/ 160

지질구조/ 164

광물(mineral)

돌에는 여러가지가 있다. 그 중 한 가지 성분으로만 되어 있는 것을 광물(mineral)이라고 한다. 광물은 4천 종 이상 있다고 알려지지만 흔하게 볼 수 있는 광물은 몇 가지 되지 않는다. 광물들이 모여서 암석(rock)이 만들어지고 암석을 구성하는 광물을 조암광물(rock forming mineral)이라 한다.

암석 속에서 흔하게 보이는 주요 조암광물은 석영, 정장석, 사장석, 방해석과 같은 밝은 색 광물과, 각섬석, 휘석, 감람석, 흑운모와 같은 어두운 색 광물이 있다.

하나의 광물 알갱이를 결정(crystal)이라고 하는데 만들어지는데 방해를 받지 않으면 광물에 따라 특정한 모양을 갖는다. 이를 결정형이라 한다. 결정형을 보이는 광물의 형태를 자형(euhedral), 아예 결정형을 보이지 않는 형태일 때 타형(anhedral), 자형과 타형의 중간 정도를 반자형이라 한다.

석영(quartz)

석영은 흰 색 또는 무색 투명한 광물로 유리광택을 보이고 깨어진 면이 불규칙하며 모오스 굳기는 7, 화학식은 SiO_2다. 육각 기둥 모양의 결정형이 잘 나타나고 투명하여 보석으로의 가치가 있는 것을 수정(rock crystal)이라고 한다. 불순물이나 결정 성장 방법에 따라 여러 색으로 나타나는데 회색 또는 갈색은 연수정(smoky quartz), 보라색은 자수정(amethyst), 노란색은 황수정(citrine), 분홍색은 장미수정(rose quartz)이라 한다. 밝은 색 화성암에 흔한 광물이다.

정장석(orthoclase)

정장석은 두 방향으로 쪼개어지는 성질을 갖는 밝은 색의 광물로 모오스 굳기는 6, 화학식은 $KAlSi_3O_8$이다. 대개 황갈색이나 백색을 띠며 화강암이나 거정질암에서 잘 나타난다. 정장석 중 고온형을 새니딘(sanidine), 저온형을 미사장석(microcline)이라 한다. 미사장석 중 녹색을 띠는 것을 아마존석(amazonite)이라 한다.

12 정장석

사장석(plagioclase)

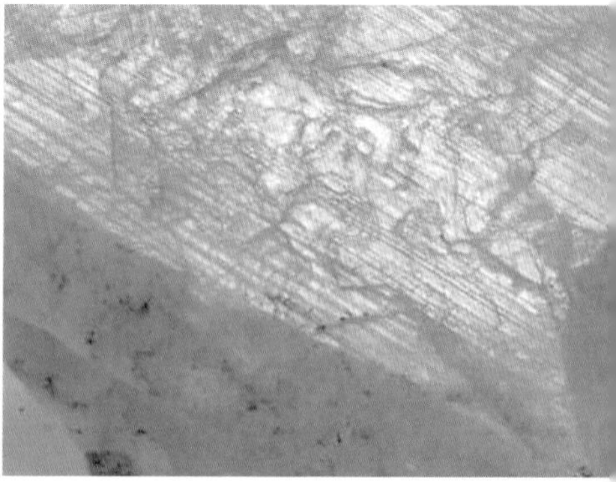

14 사장석

사장석은 조장석($NaAlSi_3O_8$)과 회장석($CaAl_2Si_2O_8$)이 섞인 장석이다. 섞인 정도에 따라 조장석(albite), 아조장석(oligoclase), 중성장석(andesine), 라브라도라이트(labradolite), 아회장석(bytownite), 회장석(anorthite)으로 구분한다. 조장석은 밝은 색의 화성암에, 회장석은 어두운 색 화성암에 나타난다. 모오스 굳기는 6~6.5이며 대개 흰색을 보이는데 라브라도라이트(labradolite)는 자개와 같은 화려한 변채를 띤다.

각섬석(hornblende)

각섬석의 화학식은 $(Ca,Na)_{2-3}(Mg,Fe,Al)_5(Al,Si)_8O_{22}(OH,F)$로 여러 가지 원소가 섞인 광물이다. 모오스 굳기는 5~6이며 녹색, 녹갈색, 갈색, 흑색을 보이는 광물이다. 색으로는 휘석과 잘 구분이 되지 않으나 결정이 56도와 124도로 쪼개지는 형태를 보이는 것이 차이점이다.

휘석(pyroxene)

휘석은 화학식이 $XY(Si,Al)_2O_6$로 여기서 X는 K(칼륨), Na(나트륨), Fe(철), Mg(마그네슘)이, Y에는 Cr(크롬), Al(알루미늄), Mg(마그네슘) 등이 들어가고, 성분에 따라 다양한 이름의 광물로 구분된다. 대개 흑색, 녹색, 녹흑색, 녹갈색을 보이고 각섬석과 맨눈으로는 구분이 어렵다. 모오스 굳기는 광물에 따라 다르지만 5.5~6.5 정도이다.

흑운모(biotite)

흑운모는 납작하게 생긴 광물로 검은 색, 갈흑색, 녹흑색을 띤다. 얇게 비늘 모양으로 벗겨지고 모오스 굳기는 2.5~3으로 화학식은 $K(Mg,Fe)_3AlSi_3O_{10}(F,OH)_2$다.

감람석(olivine)

감람석은 황녹색, 녹색을 띠는 광물로 어두운 색의 화성암에서 나타나고 맨틀에 많다. 투명한 감람석은 페리도트(peridote)라는 이름으로 불리는 보석이다. 모오스 굳기는 6.5~7이며 화학식은 $(Mg, Fe)_2SiO_4$다.

방해석(calcite)

방해석은 무색 투명, 흰 색, 노란 색, 연홍색, 연청색 등 다양한 색을 나타내지만 주로 무색 투명, 흰 색이 가장 흔하다. 화학식은 $CaCO_3$이고 모오스 굳기는 3이다. 다양한 결정형을 보이는데 가장 흔한 결정형은 비스듬히 기울어진 육면체 모양이다. 맨눈으로는 석영과 구분이 쉽지 않은데 방해석에 묽은 염산을 뿌리면 기체가 발생하지만 석영은 그렇지 않다.

형석(fluorite)

순수한 형석은 무색투명하지만 불순물에 의해서 보라색이나 녹색을 띤다. 화학식은 CaF_2, 모오스 굳기는 4다.

녹염석(epidote)

녹염석은 황녹색, 녹색, 녹갈색을 나타내는 광물로 조암광물로써 흔하지만 대부분 변성암이나 열수 변질 광물로 이차적으로 생긴다. 화학식은 $Ca_2Al_2(Fe^{3+};Al)(SiO_4)(Si_2O_7)O(OH)$이고 모오스 굳기는 6~7이다.

석류석(garnet)

석류석의 화학식은 $X_3Y_2(SiO_4)_3$으로 X에는 칼슘, 마그네슘, 망간, 철이 Y에는 알루미늄, 철, 크롬이 들어간다. 화학 성분에 따라 파이로프(pyrope), 알만딘(almandine), 스페사틴(spessartine), 그로슐라(grossular), 우바로바이트(uvarovite), 안드라다이트(andradite)로 나누어진다. 붉은 색, 적갈색, 갈색, 노란 색을 나타내며 모오스 굳기는 6.5~7.5다.

황철석(pyrite)

황철석은 연한 황동색을 띠는 금속광물로 화학식은 FeS_2다. 금과 비슷한 색깔을 지녀 '바보 금'이라고 불렸다. 금과 달리 조흔판에 긁으면 녹흑색, 갈흑색의 조흔색이 나타난다. 정육면체의 결정형을 보이는 것이 많고 모오스 굳기는 6~6.5다.

백운모(muscovite)

백운모는 무색 투명하거나 다른 색이 약간씩 들어 있다. 흑운모와 같이 납작하게 비늘같이 벗겨지고 탄성이 있고 가위나 칼로 잘라질 수 있다. 모오스 굳기는 2~2.5다.

화성암(igneous rocks)

지하의 어떤 환경에서 암석 중 일부가 녹아 용융 상태로 있는 것을 마그마(magma)라고 한다. 마그마가 지표로 흘러 눈에 보이게 된 것을 용암(lava)이라 한다. 마그마나 용암이 식어서 만들어진 암석을 화성암이라 한다.

지하에서 마그마가 지표로 분출되지 못하고 있으면 천천히 식어서 광물 알갱이가 눈으로 구분이 될 정도가 되는 암석을 만들다. 이를 심성암(plutonic rocks)이라 한다. 한편 지표로 분출한 용암은 재빨리 식어서 구성하는 광물 알갱이를 맨눈으로 구분이 어려울 정도가 된다. 이런 암석을 화산암(volcanic rocks)이라 한다. 심성암은 광물의 구성 비율을 가지고 암석의 이름을 명명할 수 있으나 화산암은 현미경을 이용하거나 화학 성분을 통하여 이름을 붙일 수 있다. 오른 쪽 그림은 심성암을 밝은 색 광물 함량을 가지고 구분한 것이다.

quartzolite : 석영암, quartz-rich granitoids : 과석영 화강암질암
alkali feldspar granite : 알칼리장석 화강암
granite : 화강암, syeno-granite : 섬장화강암
monzo-granite : 몬조화강암, granodiorite : 화강섬록암
tonalite : 토날레암
quarz alkali feldspar syenite : 석영 알칼리장석 섬장암
quartz syenite : 석영 섬장암, quartz monzonite : 석영 몬조니암
quartz-monzodiorite : 석영 몬조섬록암
quartz-monzogabbro : 석영 몬조반려암
quartz diorite : 석영 섬록암, quartz gabbro : 석영 반려암
quartz anothosite : 석영 회장암
alkali feldspar syenite : 알칼리장석 섬장암
syenite : 섬장암, monzonite : 몬조니암
monzodiorite : 몬조섬록암, monzogabbro : 몬조반려암
diorite : 섬록암, gabbro : 반려암, anorthosite : 회장암

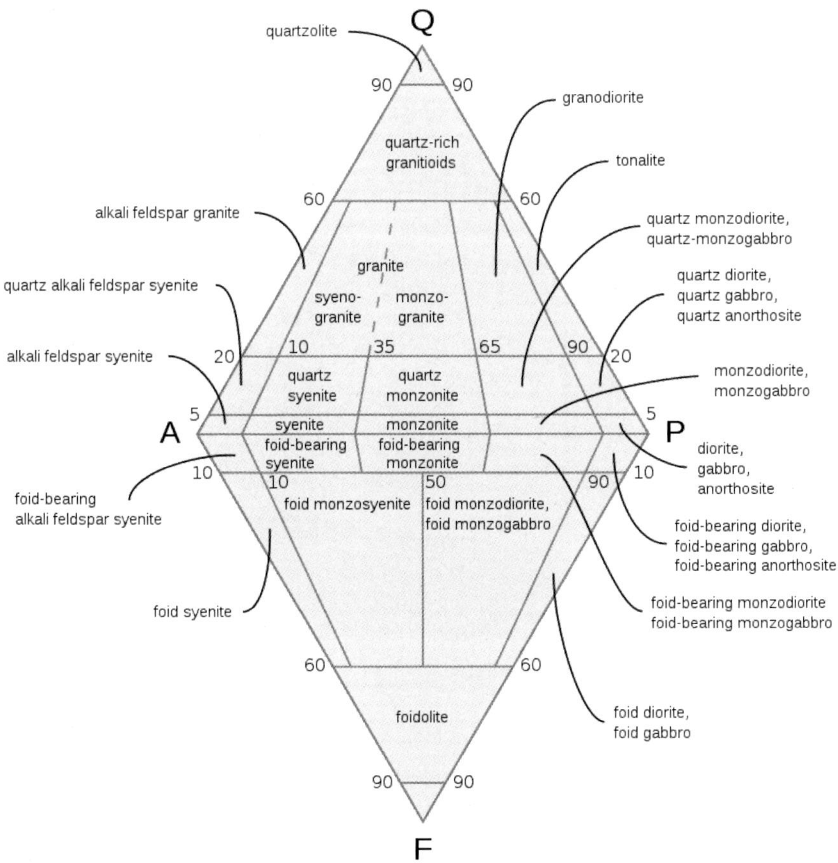

foid-bearing alkali feldspar syenite : 준장석함유 알칼리장석 섬장암
foid-bearing monzodiorite : 준장석함유 몬조섬록암
foid-bearing monzogabbro : 준장석함유 몬조반려암
foid-bearing syenite : 준장석함유 섬장암
foid-bearing diorite : 준장석함유 섬록암
foid-bearing gabbro : 준장석함유 반려암
foid-bearing anorthosite : 준장석함유 회장암
foid syenite : 준장석 섬장암
foid monzosyenite : 준장석 몬조섬장암
foid monzodiorite : 준장석 몬조섬록암
foid monzogabbro : 준장석 몬조반려암
foid diorite : 준장석 섬록암
foid gabbro : 준장석 반려암
oidolite : 준장석암 Q: 석영, A: 알칼리장석, P; 사장석, F: 준장석

Potassium Feldspar : K-장석, Quartz : 석영, Biotite : 흑운도
Amphibole : 각섬석, Plagioclase Feldspar : 사장

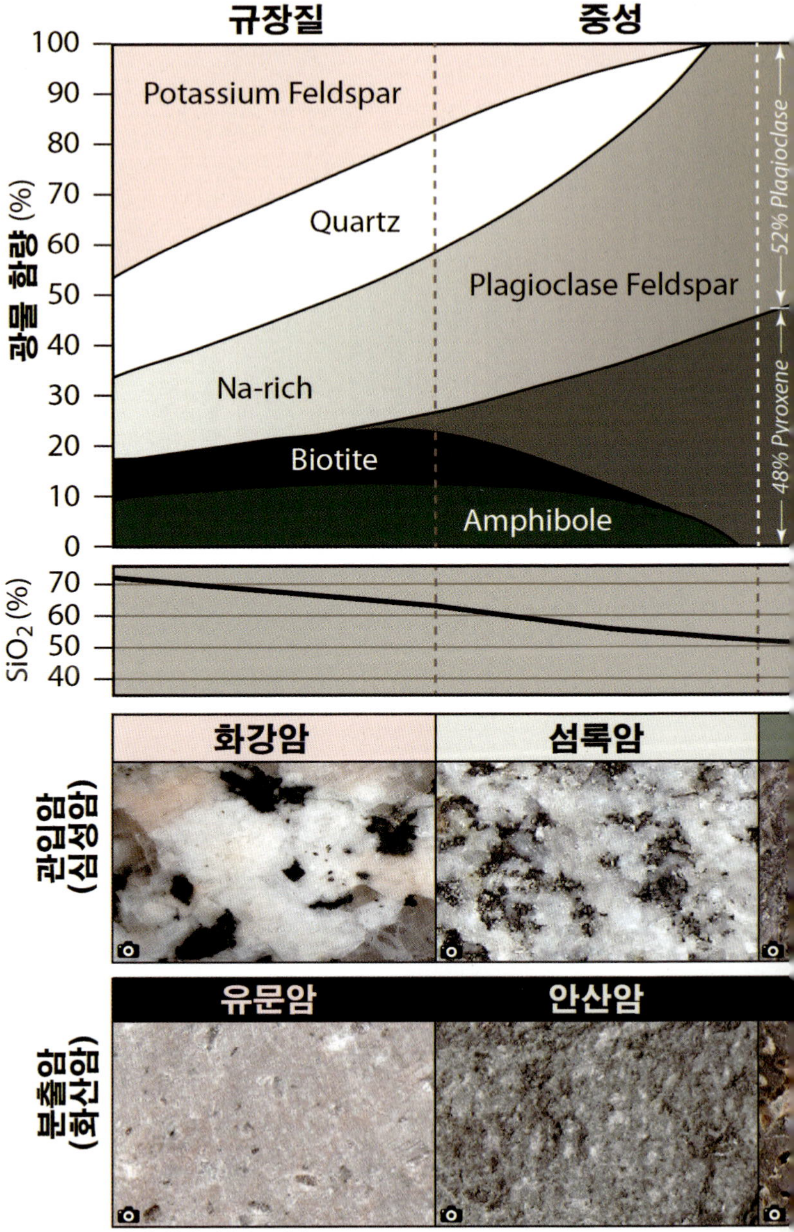

R. Weller/ Cochise College
K. Panchuk

Pyroxene : 휘석, Olivine : 감람석

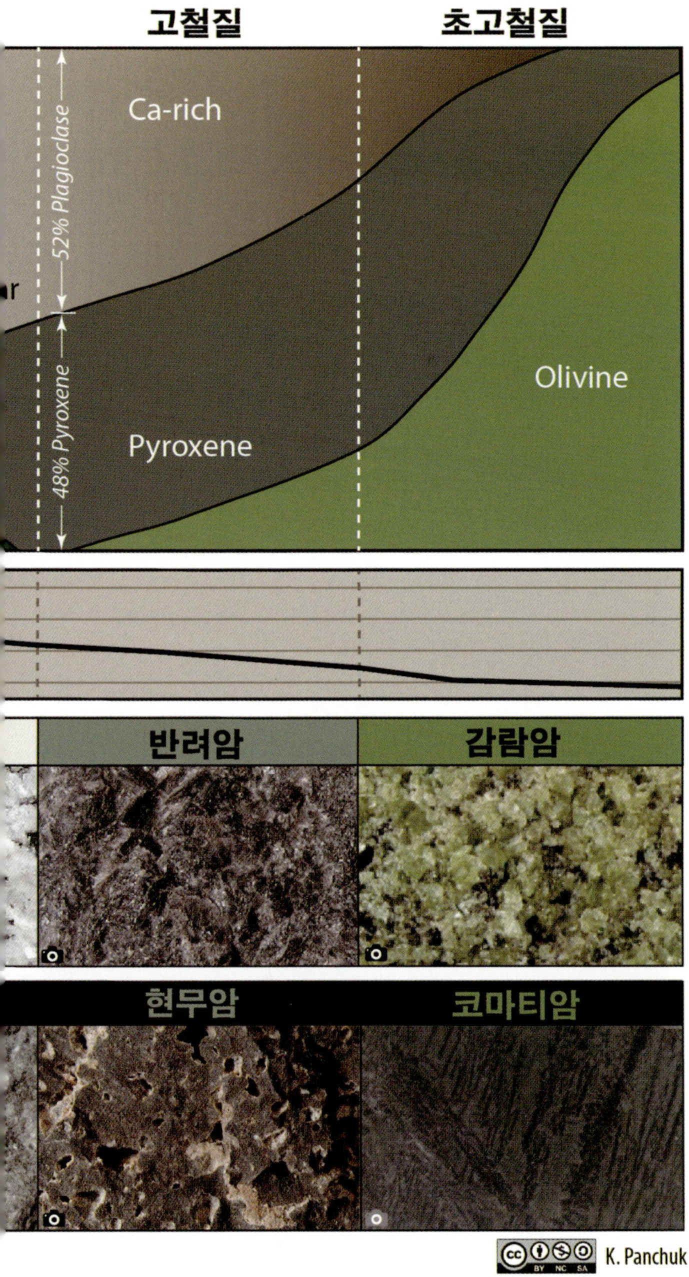

앞 쪽 그림은 암석을 구성하는 광물의 함량을 가지고 구분한 것이다. 화강암, 유문암은 석영, 정장석(K-장석), 사장석과 같은 밝은 색 광물이 많아서 밝게 보이고, 반려암, 현무암은 휘석, 감람석과 같은 어두운 색 광물의 함량이 많아 어둡게 보인다. 섬록암과 안산암은 중간 정도의 함량과 색깔을 보인다.

유문암, 안산암, 현무암은 분출한 화산암으로 광물 알갱이를 맨눈으로 확인하기 어려우며, 화강암, 섬록암, 반려암은 지하에서 천천히 식어서 만들어지는 사이에 광물 알갱이가 커질 수 있는 충분한 시간이 있어 광물을 맨눈으로도 구분할 수 있다.

왼쪽의 그림은 조암광물 알갱이를 구성 비율대로 섞어본 것이다. 실제 암석의 색대로 잘 구현이 되었다.

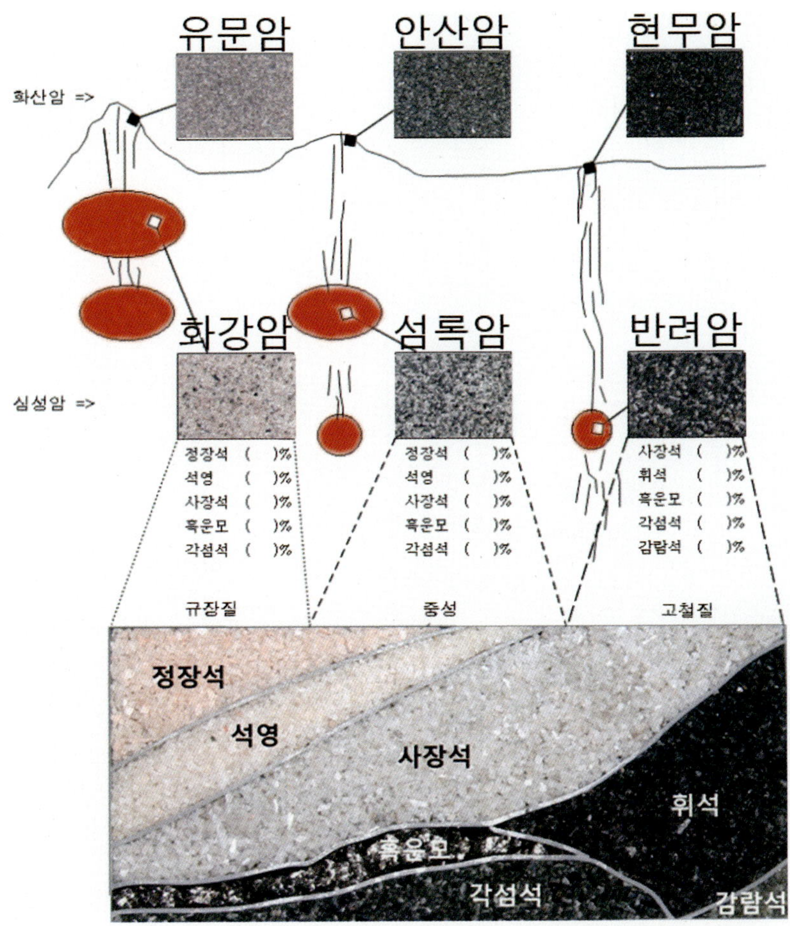

화산암은 맨눈으로 구성하는 광물의 종류를 알기 어렵기 때문에 암석의 전체 화학 성분을 분석하여 아래의 그림과 같이 SiO_2의 함량과 Na_2O+K_2O 함량을 비교하여 암석의 이름을 알아낸다. 왼쪽과 위쪽의 영역은 우리나라에서 나타나기 어려운 암석종이어서 비워두었다.

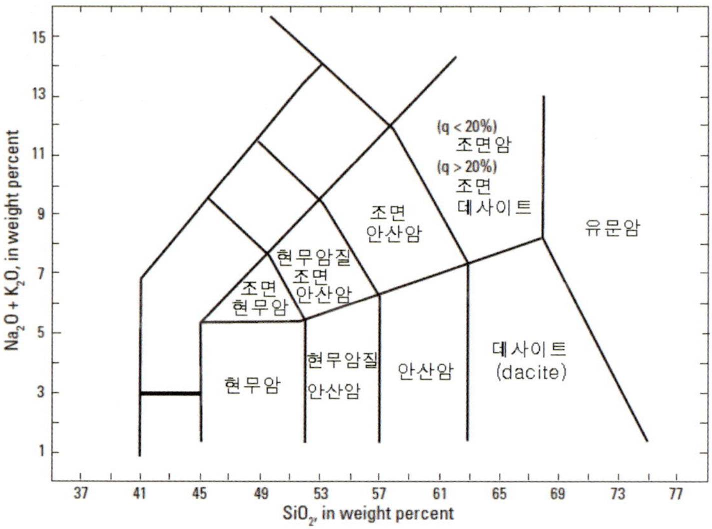

화강암(granite)

알칼리장석 화강암

46 화강암

석류석 화강암

48 화강암

거정화강암(페그마타이트)

흑운모 화강암

화강암은 석영, 정장석, 사장석으로 구성된 조립질의 심성암으로 운모와 각섬석이 소량으로 포함된다.

토날레암(토날라이트)

화강섬록암

섬록암(diorite)

섬록암은 사장석과 각섬석, 흑운모로 이루어진 심성암으로 휘석이 포함될 수도 있다.

구상섬록암

석영 섬록암

섬장암(syenite)

섬장암은 주로 정장석으로 이루어진 암석으로 화강암에 비해 석영과 사장석의 함량이 적다. 같은 성분의 화산암은 조면암이다.

반려암(gabbro)

반려암은 주로 휘석과 사장석으로 이루어진 심성암으로 부성분으로 감람석, 각섬석이 있다.

60 반려암

휘록암

감람암(peridotite)

던암(더나이트

석류석 감람암

감람암은 맨틀을 구성하는 암석으로 감람석, 휘석으로 되어 있다. 감람석이 대부분인 감람암을 던암(dunite)이라 한다.

회장암(anorthosite)

사장석이 대부분인 암석을 회장암이라 한다. 사장석의 성분은 대부분 회장석이다.

흑요암(obsidian)

SiO_2 함량이 매우 높은 용암이 급히 냉각되어 유리질로 된 암석을 흑요암이라고 한다. 대부분 검은 색을 띠지만 회색이거나, 갈색, 투명한 녹색을 띠는 것도 있다. 식은 후 유리질 안에서 석영 결정이 만들어져 희게 방사상으로 배치되어 있는 것도 있다. 흑요암은 조개껍질상으로 깨어지는 특징을 보이는데 흑요암에 비해 물의 성분이 적어서 조개껍질상으로 깨어지지 않는 암석을 송지암이라 한다.

송지암(pitchstone)

유문암(rhyolite)

유문 반암

구과상유문암

유문암은 규산(silica)이 많은 화산암으로 유리질이나 세립질로 보이고 때로는 광물 반정이 드문드문 보이는 반상질로도 나타난다. 반상질로 나타나는 유문암을 유문 반암이라고도 한다.

구성 광물은 석영, 새니딘, 사장석이고 같은 성분의 심성암이 화강암이다. 유문암과 안산암의 중간 성분 암석을 데이서암(데이사이트, dacite)이라고 한다.

데이사이트(데이서암)

데이사이트(데이서암)

안산암(andesite)

안산암은 유문암과 현무암의 중간 성분의 마그마가 분출하여 만들어진 화산암이다. 세립질, 반상질의 조직을 보이고 반상질의 반정으로는 사장석, 각섬석, 휘석이 나타난다. 안산암과 같은 성분의 심성암은 섬록암이다.

안산반암

74 안산암

조면암(trachyte)

조면안산암

반상 조면암

조면암은 알칼리장석을 많이 함유하는 화산암이다. 같은 성분의 심성암은 섬장암이다.

현무암(basalt)

현무암은 세립의 화산암으로 철과 마그네슘을 많이 함유한 점성이 낮은 용암이 급히 식어 만들어졌다. 현무암과 성분이 같은 심성암은 반려암이다.

78 현무암

코마티암(코마티아이트,comatiite)

코마티암은 맨틀에서 유래된 초고철질 화산암이다. 규소, 알루미늄, 칼륨의 함유량은 낮고 마그네슘의 함유량이 높다. 감람석과 휘석의 결정이 길쭉이 자란 스피니픽스(spinifix)라는 특이한 조직을 보인다.

 코마티암

화성쇄설암(pyroclastic rocks)

유문암질의 마그마는 점성이 높다. 지표로 흐른 유문암 용암은 화도에서 멀리 가지 못하고 화도를 메우면서 식는다. 화도가 막히면 뒤 이은 마그마가 밖으로 나오지 못하며 갇히고, 마그마가 많이 모이면 폭발력이 강해진다. 지표를 깨부술 정도로 압력이 커져 폭발을 해 버리면서 밖으로 터져 나온 물질을 화성쇄설물이라 하고 화성쇄설물이 식고 굳어서 만들어진 암석을 화성쇄설암이라 한다.

화성쇄설물은 크기에 따라 2mm 이하의 물질을 화산재, 2~64mm의 물질을 화산자갈(화산력), 64mm 이상의 물질을 화산암괴라고 한다. 화성쇄설물이 어떤 비율로 섞여 있느냐에 따라 아래 그림과 같이 화성쇄설암을 나눈다.

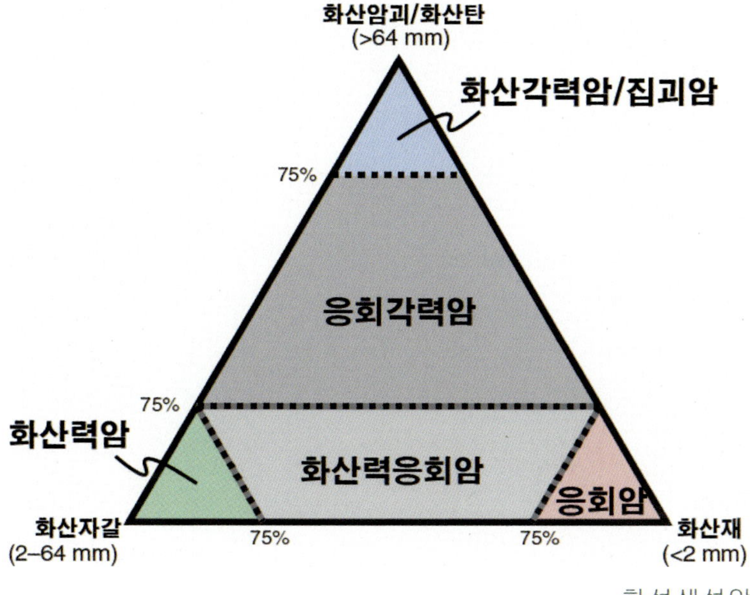

맨눈으로 봐서 화성쇄설물의 함량을 잘 알 수 없기 때문에 대개의 경우 화산력응회암, 응회각력암이지만 응회암으로 통칭하여 부른다. 화산재는 용암, 광물 결정, 암석 파편이 섞여 있는데 그 함량비에 따라 아래 그림과 같이 응회암을 나눈다.

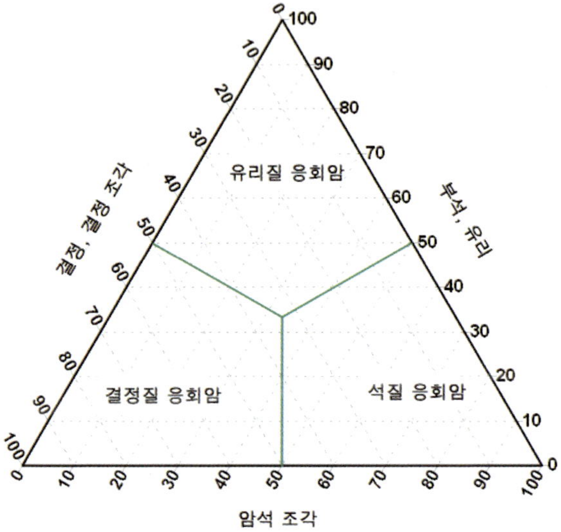

폭발하여 분출한 화성쇄설물은 산의 경사면을 따라 흘러갈 수도 있고, 하늘 높이 올라갔다가 떨어질 수도 있다. 산의 경사면을 따라 흘러가는 화성쇄설물에서 만들어진 화성쇄설암을 회류응회암(ash flow tuff), 하늘에서 떨어져서 만들어진 화성쇄설암은 강하회응회암(air fall tuff)이라 한다.

지하의 용암이 분출할 때 압력이 낮아짐으로 인하여 팽창되고 기공을 많이 함유하여 매우 가벼운 부석이 많이 만들어진다. 화산재에는 지표에 원래 분포한 암석의 조각도 있지만 아주 많은 부석 조각이 포함된다.

화산쇄설류는 뜨거운 상태로 움직인다. 여기에 함께 포함된 부석 조각은 다시 녹을 수 있고, 압력의 방향에 수직으로 유동 방향에 나란하게 길죽하게 늘어난다. 늘어난 부석끼리 들러붙기도 하여 화성쇄설암에 특이한 조직을 만든다. 이 조직을 피아메(fiamme)라 하고, 피아메가 발달한 암석을 용결응회암(welded tuff)이라 한다.

용결응회암 안의 피아메

부석(pumice)

부석은 고온, 고압 상태의 마그마가 폭발적으로 분출할 때 만들어지며 화산 유리가 많은 기공과 함께 얽혀 있는 조직을 보인다. 밝은 색을 나타낸다.

경석(스코리아)도 다공질의 화산암인데 기공벽이 부석보다 더 단단하고, 더 밀도가 높고 어두운 색이다.

응회암(tuff)

유문암질 응회암

유문암질 화산력응회암

데사이트질 응회각력암

유문암질 화산력응회암

유문암질 용결응회암

유문암질 용결응회암

유문암질 용결응회암

현무암질 응회암

현무암질 화산력응회암

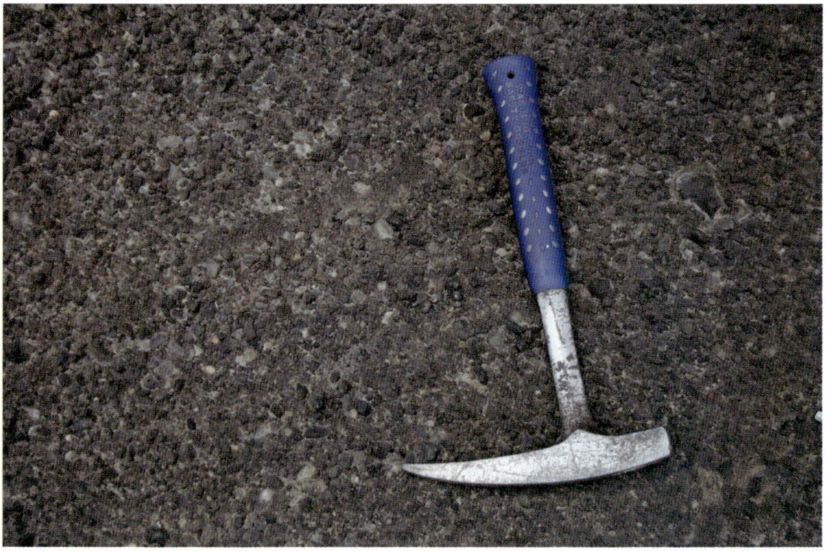

현무암질 화산력암

안산암질 응회암

안산암질 응회각력암

화산각력암(volcanic breccia)

유문암질 화산각력암

안산암질 화산각력암

경석(scoria)

후추암(페퍼라이트, peperite)

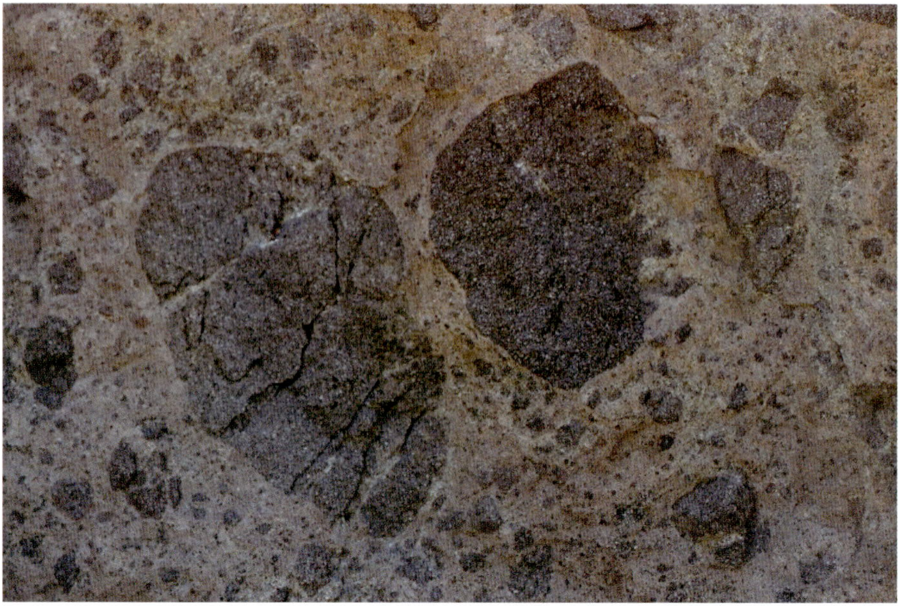

유리쇄설암(hyaloclastite)

후추암(페퍼라이트)은 마르지 않은 퇴적물에 마그마가 접촉을 하였을 때 만들어지며 퇴적암에 그보다 오래되지 않은 화성암 물질이 포함된 형태를 보인다.

유리쇄설암은 해양이나 빙하 밑의 용암이 분출할 때 급냉하여 파쇄된 유리질 조각들이 모인 암석으로 그 형태는 각력암(breccia) 같아 보인다.

퇴적암(sedimentary rocks)

지표에 노출되어 있는 암석은 풍화작용으로 약해지고 작은 조각으로 쪼개진다. 이것들은 물과 함께 흘러가서 강이나 호수, 바다의 바닥에 가라앉는데 이를 퇴적물이라 한다.

퇴적물은 알갱이의 크기에 따라 자갈, 모래, 실트(silt), 점토로 나누어진다. 자갈은 2mm 이상, 모래는 1/16~2mm, 실트는 1/256~1/16mm, 1/256mm 이하를 점토라 한다.

퇴적물에는 물 속에 녹아 있던 물질들이 화합물을 만들어 침전되어 쌓이는 경우도 있다. 생물의 껍질이나 뼈가 퇴적물로 쌓이기도 한다.

역암(conglomerate)

사암(sandstone)

실트암(siltstone)

점토암(claystone)

점토가 퇴적되어 만들어진 암석으로 층리의 방향과는 관계없이 덩어리진 형태로 되어 있는 것을 이암(mudstone)이라고 하고, 층리의 방향으로 쉽게 부숴질 수 있는 형태로 되어 있는 것을 셰일(shale)이라고 한다.

이암

이암

셰일

셰일

쳐트(chert)

쳐트는 맨 눈으로는 구분할 수 없는 석영의 미세결정으로 이루어진 단단한 암석으로 생물 기원으로 만들어지나 화학적 침전과 같이 무기질 기원도 있다.

석회암(limestone)

석회암은 탄산질 퇴적암으로 주로 천해 해양에서 만들어진다. 구성광물은 대부분 탄산칼슘($CaCO_3$) 성분의 방해석, 아라고나이트이고, 물 속에 용해된 탄산칼슘이 퇴적되어 생긴다. 석회암 속에서 화석이 흔히 발견된다. 마그네슘을 많이 포함한 백운석(dolomite, $CaMg(CO_3)_2$)으로 구성된 암석은 백운암이라 한다. 맨 눈으로 석회암과 백운암을 서로 구분하기는 쉽지 않다.

빙하의 바닥에서 빙하가 운반한 빙적토(틸, till)가 퇴적되어 만들어진 암석이 빙퇴암이다. 각력을 많이 포함하고 분급이 매우 불량하다.

빙퇴암(tillite)

변성암(metamorphic rocks)

원래 생성되었을 때와는 환경의 차이가 많이 나게 되면 암석은 그 환경에 적응하는 과정으로 변화를 겪게 된다. 이 변화는 어떤 광물종이 사라지거나 새로 생기기도 하며, 암석의 조직이 변화되기도 하는 것으로 암석의 형태가 달라지게 된다. 이렇게 암석이 원래의 암석과는 다른 형태로 바뀌게 된 암석을 변성암이라 한다.

암석을 변성시키는 요인은 주로 압력과 온도의 변화이며, 운석의 충돌과 같은 큰 충격도 그 요인이 된다. 넓은 영역에 걸쳐서 압력과 온도의 변화를 겪는 광역변성작용, 마그마의 접촉부에서 온도의 변화를 겪는 접촉변성작용이 변성암을 만드는 주 요인이다.

점토암이 점점 온도와 압력이 높아지는 광역변성작용을 받으면 점판암에서 천매암, 편암, 편마암 단계로 변화하는데 새로운 광물이 생성되어 광물 결정의 크기가 점점 커지며 전체 부피가 줄어듦에 따라 같은 광물끼리 서로 모이는 등의 조직의 변화가 생긴다.

퇴적암의 아래에 마그마가 관입이 되어 접촉하면 마그마의 열로 퇴적암이 변성된다. 암석은 더욱 치밀하고 단단해지며 암석의 색이 바뀌기도 한다.

아래 그림은 광역변성작용으로 변성암이 되는 과정을 원암에 따라 도식화한 것이다.

점판암(slate)

점판암은 진흙이나 화산재로 만들어진 셰일 형태의 퇴적암이 변성되어 만들어진 세립, 등립의 판상 형태를 갖는 암석이다. 원래 암석에 압축력이 수직으로 작용했을 때 외에는 엽리 방향이 원래 암석의 층리 방향과는 다르게 발달한다.

118 점판암

천매암(phyllite)

편암(schist)

편암은 이암이나 셰일이 중급의 광역변성작용을 받아 생성된다. 새로 생성되는 납작하거나 길죽한 광물들이 현저한 방향으로 늘어서는 편리를 잘 보인다.

석류석 백운모 편암

흑운모 편암

편마암 (gneiss)

호상 편마암

호상 편마암

안구상 편마암

편마암은 퇴적암이나 화성암이 고온, 고압으로 변성된 암석으로 편암보다 더 높은 온도, 압력에서 만들어졌다. 암석의 일부가 녹아서 변성암의 조직을 보이는 부분과 화성암의 조직을 보이는 부분이 함께 있는 암석을 혼성암(미그마타이트, migmatite)이라고 한다.

백립암

백립암

백립암

백립암

석류석압쇄암(석류석반상변정편마암)

압쇄암(안구상 편마암)

혼성암(미그마타이트)

녹색편암(greenschist)

편리를 보이는 변성되었거나 변질된 고철질 화산암을 녹색편암이라 한다. 변성현무암 중 녹색편암과 달리 편리가 보이지 않는 것을 녹암(greenstone)이라 한다. 녹색편암의 변성작용이 더 고온, 고압으로 진행되면 사장석과 각섬석이 주구성광물을 이루는 각섬암이 된다.

청색편암은 고철질 화산암이 변성된 것으로 녹색편암에 비해 고압, 저온인 변성작용에서 만들어진다.

녹색편암, 청색편암이 지각의 압력보다 높은 압력에서 변성되면 류휘암(에클로자이트)이 만들어진다.

청색편암(blueschist)

각섬암(amphibolite)

 각섬암

류휘암(에클로자이트,eclogite)

차녹암(차노카이트,charnokite)

화강암은 휘석을 거의 함유하지 않으나 드물게 고등급의 변성지대에서 휘석을 포함한 화강암질 암석이 나타난다. 이것을 차녹암(차노카이트)이라 한다.

142 차녹암

사문암(serpentinite)

감람암, 던암(더나이트)과 같은 초고철질 암석이 변성되어 생긴 사문석을 많이 함유한 암석이 사문암이다.

144 사문암

규암(quartzite)

규암은 석영 알갱이를 많이 가진 석영 사암이 변성되면 생긴 암석이다. 순수한 규암은 백색에서 회색을 띠나 적철석이 불순물로 들어가면 분홍색이나 붉은 색을 띤다.

대리암(marble)

대리암은 방해석이나 백운석 같은 탄산염 광물로 이루어진 변성암이다. 석회암이나 백운암이 변성되어 만들어진다.

혼펠스(hornfels)

혼펠스는 관입 화성암체로 마그마의 열작용으로 구워지고 단단해진 암석이다. 고온으로 변성이 되나 원래 암석의 형태 변화는 적다.

운석(meteorite)

화석(fossil)

삼엽충

삼엽충

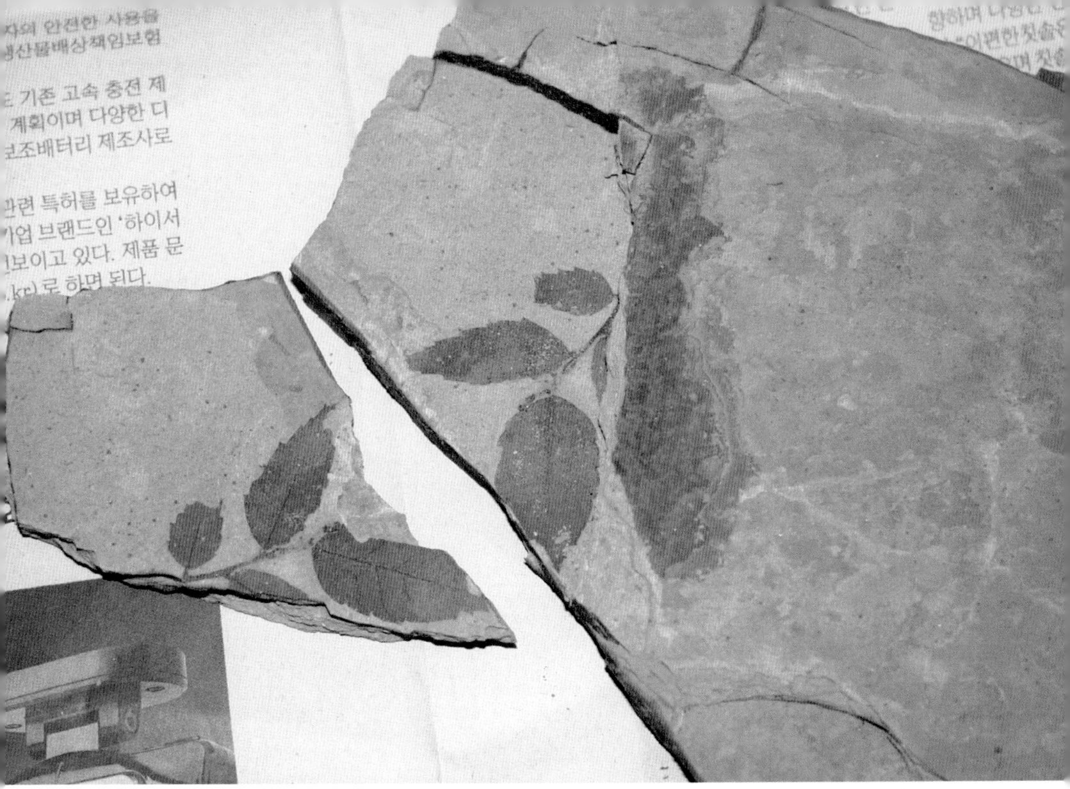

자의 안전한 사용을
생산물배상책임보험
기존 고속 충전 제
계획이며 다양한 디
조배터리 제조사로
관련 특허를 보유하여
기업 브랜드인 '하이서
보이고 있다. 제품 문
로 하면 된다.

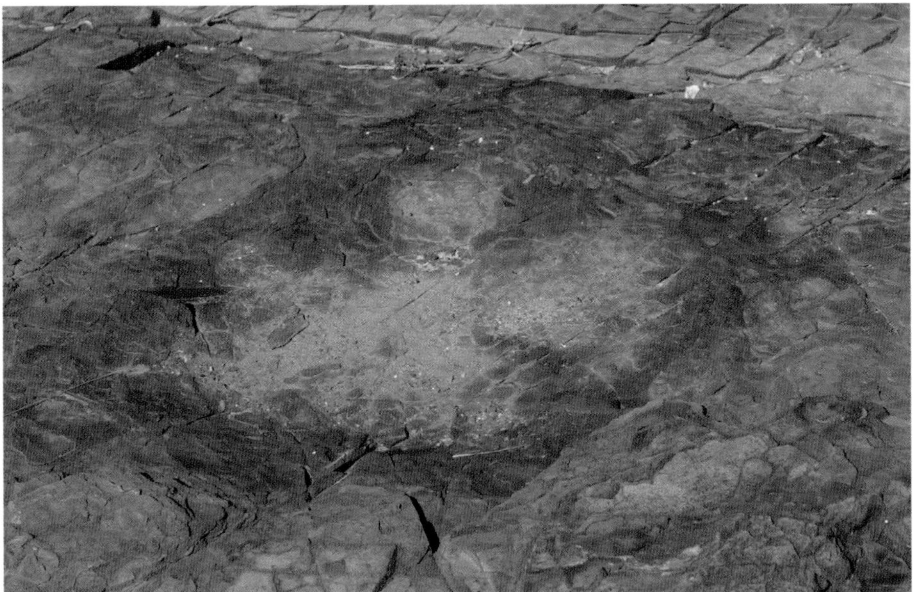

암모나이트

규화목

모수석(덴드라이트)

모수석(dendrite)은 대개 나무 화석으로 오인되지만 화석이 아니다. 암석의 절리를 따라 수산화망간이 침투하여 생긴 것이다.

화폐석

퇴적구조(sedimentary structure)

건열

연흔

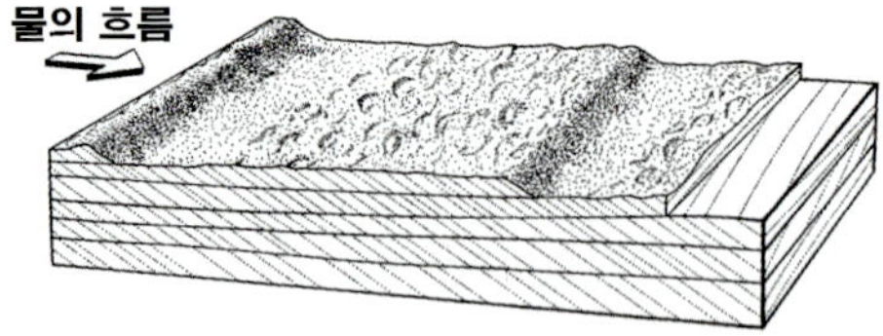

사층리

점이층리

지질구조(geologic structure)

암맥

절리

광맥(석영)

절리

주상절리

주상절리

정단층

정단층

역단층

역단층

단층, 광맥(방해석)

단층, 광맥(석영), 포유암

암맥

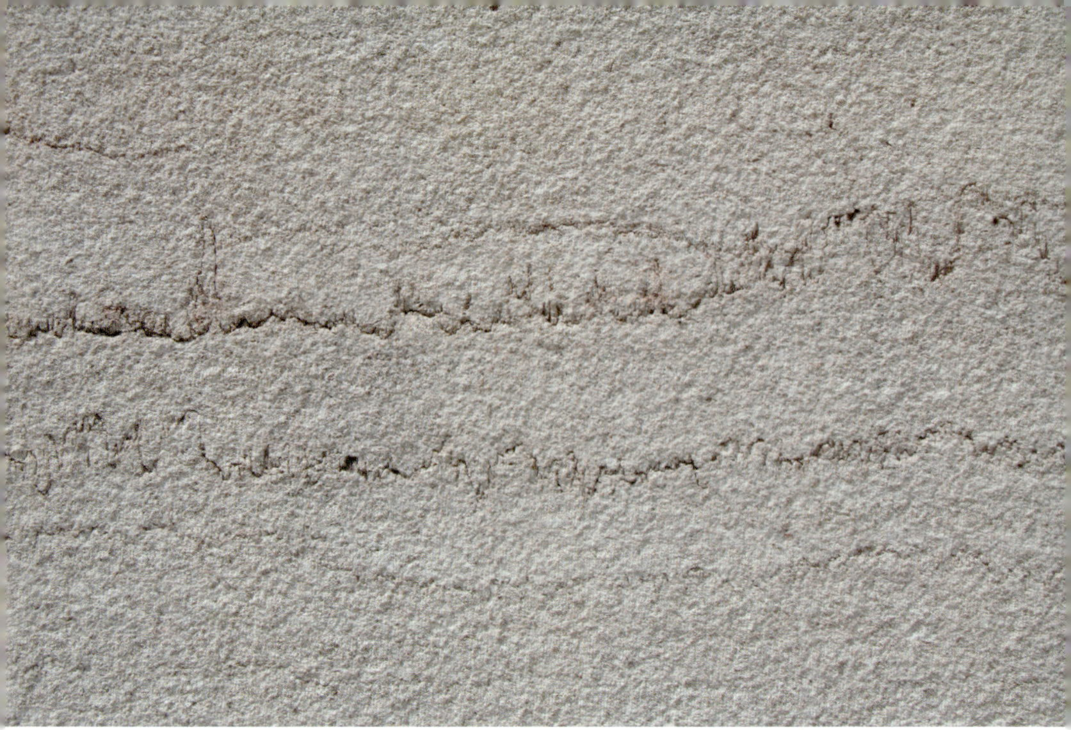

스타일로라이트(stylolite)

킨크밴드(kink band)

습곡

습곡

쉐브론습곡

알아보자 돌멩이

초판발행 2021년 4월 5일

지은이 성종규, 김경남, 박건욱, 정진욱, 김유현
펴낸이 성종규
펴낸곳 잼난인연 | **등록** 제251-2007-1호
주소 부산시 금정구 금강로 285 (46286)
전자우편 dall5724@naver.com
전화 051-581-0213 | **팩스** 051-581-2103
홈페이지 www.charmdream.kr

ISBN 979-11-87315-17-9

| 세상에 꼭 있어야 할 가치로운 책이라면 이익에 구애치
| 않는다는 마음으로 책을 만듭니다.